RÉGÉNÉRATION DE LA VIGNE

A L'AIDE D'UN

COALTAR SPÉCIAL

NIMES. — IMPRIMERIE J.-B. ROUCOLE, GRAND COURS, PRÈS LA POSTE.

LE PHYLLOXERA

RÉGÉNÉRATION DE LA VIGNE

A L'AIDE D'UN

COALTAR SPÉCIAL

par

M. Louis PETIT,
de Nimes.

> Le coaltar est au phylloxera ce que le soufre est à l'oïdium.
> Le véritable remède consiste à le tuer, à le chasser ou à entraver son développement. Ce qui est obtenu par l'emploi du coaltar.

NIMES
LIBRAIRIE LOUIS BEDOT,
place de la Cathédrale.

1874

Nimes, le 10 septembre 1874.

A Monsieur le rédacteur en chef de la GAZETTE DE NIMES.

Monsieur le rédacteur,

Après le passage à Nimes d'illustres membres de l'Institut de France, de professeurs du Collége de France et de savants appartenant à différentes contrées de l'Europe (1), venus exprès pour étudier et confirmer mes expériences, je crois du plus grand intérêt pour mon pays de vulgariser les résultats de mes applications pratiques pour arrêter les ravages du phylloxera.

J'ai donc réuni tous les éléments pouvant aider à cette vulgarisation, et c'est ce travail d'ensemble que je viens, par la voie de la *Gazette de Nimes*, offrir aux viticulteurs.

Dans cet espoir, veuillez agréer, Monsieur le rédacteur, l'expressiou de mes meilleurs sentiments.

L. PETIT,
Grand Cours, 6, à Nimes.

(1) Nous nommerons entre autres :

MM. le baron Thénard, membre de l'Institut;

Balbiani, professeur au Collége de France ;

A. Rommier, savant chimiste, attaché au laboratoire de M. le baron Thénard;

E. Maindron, secrétaire particulier de l'Institut;

Duclaux, professeur à la Faculté des sciences de Lyon;

G. Halna du Fretay, inspecteur général de l'agriculture;

Durand, secrétaire délégué.

Les études sur mes expériences et leur reconnaissance eurent lieu les 24, 25 et 26 juillet; 11, 12, 13, 19, 30 et 31 août; 3 et 4 septembre 1874.

Nimes, le 12 septembre 1874.

A Monsieur PETIT, *agronome, à Nimes.*

Monsieur,

J'ai reçu votre travail, intitulé : *Régénération de la vigne à l'aide d'un coaltar spécial.* Je l'ai lu, et je vous félicite sincèrement des heureux résultats qui sont venus couronner vos laborieuses études.

L'Institut de France s'est associé avec le plus louable empressement au désir que vous avez manifesté de voir vulgariser votre système. Plusieurs de ses membres ont voulu que la science, représentée par eux, vînt consacrer vos expériences et préconiser votre coaltar spécial.

La *Gazette de Nimes*, à son tour, fera ce qu'elle pourra pour vous aider dans cette vulgarisation. C'est avec plaisir que nous publierons votre travail d'ensemble, et nous ne formons qu'un vœu, celui de voir nos viticulteurs si éprouvés se ressentir le plus vite possible des bienfaits du système que vous mettez à leur disposition avec un désintéressement que l'on ne saura jamais assez louer.

Veuillez agréer, Monsieur, l'assurance de toute ma considération.

J.-B. ROUCOLE,

gérant de la *Gazette de Nimes.*

NOMENCLATURE DES EXPÉRIENCES FAITES.

Etudes faites à Nimes et aux environs par les cinq commissions déléguées par l'Institut de France (1) de l'emploi des procédés et des résultats obtenus depuis trois ans par M. Louis Petit, pour la guérison de la maladie de la vigne, caractérisée par le phylloxera, par l'emploi d'un coaltar spécial. Comme aussi sur les moyens d'arrêter ce fléau sur les territoires non encore ou nouvellement envahis.

Envoi à Nimes, par M. le Ministre du commerce et de l'agriculture, de M. Halna du Fretay, inspecteur général de l'agriculture, accompagné de M. Durand, son secrétaire, à l'effet de s'assurer des résultats.

(1) Voir séances de l'Académie des sciences des 13 avril, 4 juillet et 24 août 1874.

1.

EXPOSITION.

Parmi les deux cent trente-quatre essais ordonnés par l'Institut de France, aucun n'a présenté un remède aussi efficace pour combattre et arrêter le terrible fléau du phylloxera que le coaltar spécial dont je vais démontrer les effets. Pratiqué depuis plusieurs années sur des centaines de mille souches, ce coaltar a donné les meilleurs résultats, a amené le succès le plus complet. Il s'agit donc de développer, par des exemples précis, tous les moyens pratiques d'application, afin que tous les viticulteurs, se mettant à l'œuvre, arrivent, à l'aide d'une action collective et générale, sinon à l'anéantissement total du fléau, du moins à le rendre (ce que le temps seul pourra faire un jour) incapable de nuire à la plus belle, la plus importante, la plus riche de nos récoltes.

RÉGÉNÉRATION DE LA VIGNE

A L'AIDE D'UN

COALTAR SPÉCIAL

I

La vigne régénérée.

Depuis cinq ans, malgré les opinions contraires des hommes les plus compétents dans la science viticole (1), j'ai continué mes expériences et je suis arrivé à guérir la maladie de la vigne caractérisée par le phylloxera.

Le 12 mai 1873, la *Mercuriale des Halles et Marchés* annonçait cette découverte en citant le lieu de mes premières expériences.

L'*Echo du Commerce* du 13 juin 1873 les répétait avec plus de détails.

P ır sa lettre du 29 juillet 1873, M. de La Bouillerie, alors ministre de l'agriculture et du commerce, par l'organe du Bureau des Encouragements à l'agriculture, et d'après les résultats constatés, me priait d'en activer la continuation.

La *Gazette de France* du 3 septembre n'émettait

(1) Henri Marès, Laliman, de Pénamrum, inspecteur des douanes.

plus aucun doute sur le succès futur de mes applications.

Les expériences étant pleinement acquises, toute hésitation ayant disparu, je donnai, dans un rapport du 11 novembre 1873, rendez-vous à l'Institut de France pour venir, en mai 1874, à Nimes, apprécier définitivement les résultats, ajoutant *que si, après cette visite, un seul doute existait dans son esprit, je m'engageais à rembourser immédiatement tous les frais de voyage des membres visiteurs de l'Institut.*

Par sa lettre du 1er mars, la commission départementale de Montpellier m'invitait également à venir répéter mes expériences devant elle. Je lui donnai le même rendez-vous qu'à l'Institut, lui affirmant que je lui montrerais des centaines de mille souches traitées et guéries par mon procédé.

Le 10 juin, je rappelai mes engagements à l'Institut, en lui envoyant en même temps un échantillon du coaltar servant à ma méthode.

Mandé le 29 juin, je me présentai à l'Institut le 3 juillet.

M. Dumas, président de la haute commission, prit l'initiative d'une séance générale qui eut lieu le 4 juillet.

Après mes explications, que je formulai en présence de MM. Dumas, Milne Edwards, Duchartre, Blanchard, Bouley, baron Thénard, Pasteur, Elie de Beaumont, il fut délibéré qu'une commission spéciale se transporterait sur les lieux, à Nimes. Cette commission devait se composer de MM. le baron

Thénard, Balbiani, célèbre entomologiste, professeur au Collége de France; Duclaux, président, délégué de l'Académie des sciences de Lyon; A. Rommier, célèbre chimiste, délégué de l'Académie des sciences.

En effet, le temps pressait. M. le préfet du Rhône ordonnait, par arrêté du 25 juin, l'arrachement et la destruction par le feu des vignes atteintes, et M. Boulay, de l'Institut, désespérant de vaincre le terrible fléau, rédigeait une loi prescrivant l'application de ce procédé. Je démontrai l'inutilité autant que les conséquences ruineuses d'une pareille mesure. La loi ne parut pas.

Le 21 juillet, je reçus une lettre de M. le baron Thénard, m'avisant que la commission déléguée arrivait directement à Nimes.

Le 24, nous commençâmes nos opérations chez M. Rey, propriétaire, rue Rangueil, 26, à Nimes.

La propriété est située au nord de Nimes, dans la commune de Sainte-Anastasie, à 500 mètres d'altitude; elle se compose de plusieurs parcelles présentant un ensemble de 25,000 souches.

Première vigne. — Alicante (deux taches d'huile de deux ans), réduite à trois souches vertes. Un traitement à l'aide de 300 grammes de coaltar par souche avait été appliqué; mais ce traitement fut insuffisant: on y trouve encore quelques phylloxeras. Néanmoins la vigne est belle et fait sa récolte habituelle.

Deuxième vigne. — Clairettes (deux taches d'huile), deux souches étant restées vertes. Le surplus, d'un vert foncé, donne une récolte exceptionnelle. Traitement par 600 grammes; pas de phylloxeras.

Troisième vigne. — Aramon, carsignan, mourvèdre, située à 5 mètres d'une vieille vigne tellement phylloxérée que M. Rey l'a abandonnée. Malgré ce foyer d'infection, et avec un traitement énergique de 700 grammes, il n'a pas été trouvé de phylloxeras.

Quatrième vigne. — Spiran, picpoul, terret-bourret, confondue et limitrophe avec le foyer d'épidémie de la vigne abandonnée, a été traitée avec 1 kilogramme de coaltar. Il y a des souches indemnes de phylloxeras; il y en a d'autres où le phylloxera se rencontre sur les anciennes racines, à 60 centimètres de distance du pied.

Cinquième vigne. — Combe longue de 600 mètres de longueur. Cette vigne avait, l'année dernière, cinq lunes ou taches d'huile très grandes.

La première lune d'attaque, réduite à une seule souche verte, n'a pas de phylloxeras; on n'en voit pas non plus aux alentours.

La deuxième en est également préservée.

La troisième, réduite à trois souches, dont une porte deux raisins, a donné quelques rares phylloxeras à 80 centimètres du pied de la souche.

La quatrième lune avait trois souches vertes ; une qui portait un raisin, entourée au pied par une plante de chiendent, a donné trois pucerons sur une radicelle, à 50 centimètres du pied.

La cinquieme lune enfin était vierge de phylloxeras.

Tous les vignobles ci-dessus spécifiés avaient, l'année précédente, leurs racines jaunies par suite de la quantité innombrable de phylloxeras qu'ils recélaient. Les racines piquées par les pucerons sont actuellement pourries et tombent en une poussière noire.

Ce résultat fit l'admiration de M. le baron Thénard, qui *voyait que partout où le coaltar avait été appliqué, la vigne se régénérait par la pousse de nouvelles radicelles.*

J'appelle instamment l'attention des viticulteurs sur le résultat obtenu. Le coaltar a pour effet la régénération et la conservation de la vigne : bienfait inappréciable, quand surtout les anciennes racines ont été empoisonnées par la piqûre de l'insecte et qu'elles sont pourries.

M. Balbiani, célèbre entomologiste, témoin oculaire des faits, et M. Rommier, délégué de l'Académie, venu vingt jours après, paraissent croire que la création de ces nouvelles racines était due à l'action du fumier.

C'est une erreur dont ces Messieurs sont facilement revenus, car M. Rey leur déclara n'avoir pas fumé ses vignes depuis quatre ans, et d'ailleurs, à la vérification, il fut impossible d'en constater la trace sur aucun point.

Je vais plus loin : lorsque, rarement, on a trouvé sur des souches traitées au coaltar des pucerons, ces souches étaient précisément celles qui avaient reçu du fumier, et l'expérience l'a plusieurs fois prouvé.

Ce n'est pas que je proscrive le fumier : bien loin de là ; mais j'affirme qu'on peut s'en passer, l'emploi du coaltar étant suffisant. Plusieurs observations ont justifié mon dire. Du reste, le seul engrais que je préconise est le tourteau de colza.

Nous allons passer à l'examen des 30,000 souches environ appartenant à M. Farel-Gallet, rue Cart, à Nimes. Ces vignes ont été étudiées et observées par M. le baron Thénard, le 25 juillet, et, le 13 août, par M. Rommier, délégué spécial de l'Institut de France.

D'autres études et observations eurent encore lieu, les 30 et 31 août, par M. Duclaux, et, le 3 septembre, par M. Halna de Fretay, inspecteur général de l'agriculture.

Première vigne. — Elle fut traitée, en 1872, au milieu de vignes phylloxérées et arrachées depuis cette époque ; mais, n'ayant pas été traitée en 1873, elle a reçu tous les phylloxeras des alentours. Malgré une immense quantité d'insectes, la vigne s'est maintenue verte et donne, cette année, une récolte moyenne. On y trouve encore sur les racines, éloignées de 50 centimètres, quelques pucerons. Le cep a projeté de nouvelles racines ; il est très vert, et se régénère visiblement. Cette année, à l'aide d'un léger traitement, ce vignoble pourra reprendre sa beauté primitive et produire sa récolte ordinaire. Il sera du reste facile de s'en assurer en 1875.

Deuxième vigne, *le Clos*. — Au mois de juin 1873, deux taches d'huile se déclarèrent avec intensité : on remarqua des pousses de 5 centimètres. Comme il faisait 38 degrés de chaleur, il fallut, en les traitant, amortir les effets énergiques du coaltar; on les arrosa, après le traitement, avec 5 litres d'eau. Les souches se reprirent aussitôt, et sauf l'une d'elles, qui était le premier point d'attaque, elles eurent toutes leur récolte habituelle. La souche attaquée resta verte et vit encore, bien qu'elle ait été arrachée le 24 juillet 1874 par M. le baron Thénard, qui indiquait à M. Farel un nouveau système de provinage pratiqué au clos de Montrachet.

En octobre, après les vendanges, j'examinai soigneusement les racines des autres souches. Elles se trouvaient tellement couvertes des phylloxeras que ces derniers formaient des taches jaunes et qu'à hauteur d'homme on pouvait les voir sans faire usage de la loupe. On les traita de suite, et, cette année, elles sont exceptionnellement belles et chargées de grappes nombreuses et très vertes, à tel point que le 15 septembre j'ai envoyé cinq de ces grappes, pesant ensemble 11 kilogrammes, à l'Institut de France.

C'est dans ce clos que j'eus l'occasion d'expérimenter les effets de l'*eau ammoniacale seule*, et puis de l'eau ammoniacale avec la chaux fraîche des épurateurs à gaz. Je couvris une racine garnie littéralement de phylloxeras avec une pincée de chaux ; je l'arrosai ensuite avec de l'eau ammoniacale. Je l'examinai de nouveau, une demi-heure après, et je vis les pucerons devenir d'abord *gris*, puis *roses*, *rouges*, *noirs*, et enfin *carbonisés*. Ayant souflé dessus, la poudre, noire, impalpable, s'envola. J'ai encore la racine ; elle n'avait nullement souffert de l'opération ni du contact des deux insecticides.

Il fut aussitôt traité quelques souches avec l'eau ammoniacale seule, 5 litres à chacune ; elles sont aujourd'hui fort belles.

En même temps, d'autres souches étaient traitées par la chaux, disposée en boules pétries à l'aide de l'eau ammoniacale.

Ces souches-là, quoique chargées de raisins et très bien conservées, sont loin d'avoir leur feuillage aussi foncé en couleur que celles traitées au coaltar.

Continuant mes expériences, je voulus rendre des souches indemnes de phylloxeras par la mise en usage d'un triple système :

1° Du coaltar ;

2° De l'eau ammoniacale ;

3° De la chaux provenant des épurateurs.

Un mémoire, du 15 juin 1873, adressé à l'Institut, constate l'opération, ainsi appliquée :

1° Je versais 5 litres d'eau ammoniacale ;

2° J'appliquais au pied de la souche 500 grammes de coaltar, et je disséminais un second kilogramme

500 grammes (soit 1,500 grammes) autour d'elle, dans un rayon de 40 centimètres;

3° J'ai recouvert le tout de 20 centimètres de terre;

4° J'ai recouvert tout le sol autour, sans laisser aucun espace, avec une couche de chaux des épurateurs de 0,007^{mm} à 0,009^{mm} d'épaisseur : le surplus de la terre a été réparti par dessus, soit 15 centimètres environ.

Les phylloxeras périrent tous sans exception: les œufs ne purent même pas éclore.

Je dois l'avouer, cependant, cette opération n'est pas avantageuse pour les viticulteurs : elle est triple, et surtout elle est coûteuse. C'est à ces divers inconvénients que j'ai voulu obvier en faisant mes expériences à l'aide du coaltar spécial. Ces expériences ont pleinement réussi, et les membres des corps savants qui ont bien voulu se rendre compte des résultats obtenus ont donné à mes travaux leur approbation la plus complète.

TROISIÈME VIGNE. — Le 25 juillet, à trois heures, cette vigne fut examinée par M. le baron Thénard. Il fut constaté qu'elle n'avait aucun phylloxera. Seulement une vigne située au nord, et qui était, celle-là, toute pleine de taches, véritable foyer phylloxérique, avait communiqué l'insecte à la première rangée de souches.

La même observation a été faite par M. Rommier, le 13 août.

La vigne est aujourd'hui entièrement guérie; cependant on trouve des racines inférieures tout à fait pourries.

QUATRIÈME VIGNE. — C'est un plantier; il était complètement perdu, car toutes les racines étaient pourries ou couvertes de phylloxeras. On se décida à le traiter en mars 1874.

Après mon application de coaltar, ce jeune vignoble a poussé comme par enchantement; il porte cette année une fort belle récolte. Le 3 septembre, MM. Halna du Fretay et Durand l'ont constaté.

J'avoue que la guérison de ce plantier est une de mes plus belles expérimentations. J'en suis fier. M. le baron Thénard lui-même ne put retenir son admiration. Le cas phylloxérique était patent: l'honorable académicien ayant pris une racine ancienne et l'ayant brisée, elle tomba en poussière. Il déclara que c'était, jusqu'à ce jour, le cas dominant, le succès le plus indéniable qu'il eût observé: grâce au coaltar spécial, la régénération de la vigne était assurée.

M. Rommier, délégué de l'Académie, a pu étudier les mêmes faits. Il voulut comparer la récolte et l'état de verdeur de cette vigne avec les vignobles des alentours. Mais cette comparaison ne put être faite : il n'y a pas de parallèle à établir entre ce qui est plein de force et de vie et ce qui a cessé d'exister.

Un fait à noter trouve ici sa place : au mois de mars, une vieille vigne limitrophe, dévorée par le phylloxera, était condamnée à mort et allait être arrachée. Elle fut, par exemple, énergiquement traitée. Aujourd'hui, toutes les souches portent du raisin.

Cinquième vigne. — Elle est située au milieu d'une plaine de 20 kilomètres carrés, complantée de souches toutes phylloxérées. Je traçai, au midi, une ligne droite et intimai au fléau défense de la franchir. Etant placés sur la hauteur, je montrai à MM. le baron Thénard et Rommier cette vigne qui avait été l'objet de tous mes soins, et leur faisant remarquer le ton vert foncé du feuillage, par opposition aux feuilles jaunies des vignes limitrophes, je dis à ces Messieurs : « Voyez comment j'arrête, à point fixé, le ravage du phylloxera, même quand il n'existe aucune séparation d'héritage, et que la surface du sol est égale partout! »

Ces résultats matériels sont de nature à faire disparaître le moindre doute dans l'esprit des viticulteurs. Ils ont pour garants de la valeur du coaltar le témoignage d'hommes scientifiques le plus considérables de l'Europe.

Nota. — M. Farel-Gallet, le premier expérimentateur et le plus fort du Midi, fait traiter en ce moment-ci 60,000 souches au coaltar spécial.

M. Josselme aîné, rue Cart, à Nimes, a essayé, en mars 1874, le traitement par le coaltar de 2,000 souches attaquées par deux lunes (ou taches d'huile). A l'heure présente, il ne reste de ces deux attaques que deux souches portant la trace du phylloxera ; toutes les autres ploient sous la quantité des grappes.

M. Josselme avait expérimenté sur cette vigne tous les systèmes Peyrat, de Lyon, d'Alais, etc., etc. : *toutes les souches traitées y sont mortes.* Celles qui ont été traitées au coaltar vivent seules et sont d'une force de végétation telle qu'au 20 octobre, elles continuent leurs pousses d'automne. Le fait est là en permanence (1).

Ne conservant aucun doute sur l'efficacité du coaltar spécial, M. Josselme va traiter, sous ma direction, 20,000 souches attaquées par des taches d'huile de 80 mètres de diamètre, et que, sans contredit, je sauverai comme les premières, dans laquelle M. Halna du Fretay n'a pu trouver un seul phylloxera.

M. Vigouroux, constructeur de pompes, au chemin de Montpellier, à Nimes, a eu une réussite complète dans ses essais avec mon coaltar spécial.

M. Richard père, rue Clérisseau, également à Nimes, a sauvé 2,000 pieds de vigne à l'aide de mon système.

M. Clerc, fabricant de briques réfractaires, à Saint-Quentin, m'écrit qu'il a complètement réussi. Il se propose de traiter au coaltar, en octobre, toutes les

(1) M. le docteur Gordone, de Montpellier, et un propriétaire de Saint-Georges l'ont constaté le 16 octobre, à quatre heures.

vignes qu'il possède et qui sont toutes dangereusement malades

Enfin, à Uzès, plusieurs propriétaires ont réussi au delà de toute espérance.

Au surplus, il ne me reste qu'à citer textuellement les paroles de M. Rommier, délégué de l'Académie :

« A Montpellier, un propriétaire a fait l'essai (du coaltar spécial) sur un carré de 2,000 souches situées au milieu de vignes phylloxérées, totalement perdues. Il a réussi suffisamment pour prouver votre système supérieur. Mais comme la quantité n'égale pas celle que vous avez employée, il se trouve attaqué d'un seul côté, où j'ai remarqué trois ou quatre souches jaunies. »

Je me propose de développer, succinctement mais d'une manière suffisante, la manière d'opérer pour l'application de mes moyens curatifs. On comprendra aisément qu'il ne m'ait pas été possible de me trouver sur les lieux à toutes les expérimentations qui ont été faites de mon coaltar. Quelques unes, la plupart même de ces expérimentations, peuvent fort bien n'avoir réussi qu'imparfaitement. Certains propriétaires auront eux-mêmes, involontairement sans doute, contribué à la non réussite, en se trompant :

1° Sur le mode d'emploi du coaltar ;

2° Sur la quantité ;

3° Sur la qualité ;

4° Sur l'application.

Mais, après ma démonstration, il ne doit pas y avoir un seul mécompte.

Je veux éviter qu'il se produise, au sujet du coaltar spécial, ce qui ne manque jamais d'accueillir les découvertes même les plus utiles ; on s'empresse de les expérimenter, ignorant jusqu'aux moyens les plus pratiques, et, l'essai n'étant pas toujours heureux, il s'ensuit presque toujours pour le malheureux chercheur, ou plutôt pour sa découverte, une condamnation sans appel.

Ici, ce cas est au moins évité. J'ai pour moi l'opinion des savants, qui ont étudié la plus grande partie des vignobles que j'ai indiqués. Ils m'ont tous formellement déclaré que, sur *deux cent trente-quatre* procédés soumis et expérimentés, soit par l'Académie, soit par diverses commissions de France, aucun n'a donné des résultats aussi réels que l'emploi du coaltar. C'est merveille de voir un nouveau chevelu régénérant la vigne et lui faisant produire sa récolte primitive, quand surtout l'on croyait tout perdu.

Je crois avoir suffisamment démontré, par les citations qui précèdent, les excellents résultats produits par le coaltar partout où il a été appliqué sous mes yeux ou d'après mes données. Les déclarations des propriétaires intéressés, et par dessus tout les rapports présentés par les savants, délégués à cet effet, suffisent pour indiquer la valeur de ma découverte.

Je ne suis cependant pas arrivé au bout de ma tâche. Je dirai mieux : ce qui me reste à dire a bien plus d'importance.

Et d'abord, il faut que je déclare quel est le but que

je me propose par la vulgarisation de ma découverte. Ensuite quel est le principe du coaltar et la différence qui peut exister entre les coaltars de provenances diverses.

Les méthodes d'application du coaltar, afin d'arriver à la prompte régénération des vignes, demandent à être indiquées avec assez de développement : il faut que chaque viticulteur puisse faire cette application en toute connaissance de cause.

Les améliorations à apporter au coaltar pour en rendre l'effet le plus immédiat et le plus économique possible sont aussi l'objet de toute ma sollicitude.

Enfin je veux donner une étude anatomique de la vigne, faisant connaître les altérations produites par le phylloxera sur les feuilles et surtout sur les racines, et les moyens à employer pour la guérir. Cette étude ne sera pas la partie la moins intéressante de ce travail, qui ne vise pas à la science, mais qui veut tout simplement être utile.

II

Le soufre et le coaltar.

Une erreur généralement répandue chez tous ceux qui cherchent les moyens de détruire le phylloxera, c'est de croire que personne n'a encore trouvé une substance capable de faire périr l'insecte. C'est le contraire qui a lieu : il existe un grand nombre de ces substances; malheureusement l'emploi n'en est pas facile, il n'est pas non plus économique. C'est donc le mode de traitement dans de bonnes conditions qu'il fallait atteindre. Or, mon coaltar remplit ce double but, puisque son emploi seul, qui est loin d'être coûteux, ainsi qu'on le verra plus loin, m'a permis d'obtenir les meilleurs effets. L'application du coaltar arrête, dès que son action peut se produire, les ravages du phylloxera, et ce résultat, nul, avant moi, n'avait pu l'obtenir aussi sûrement que je l'ai obtenu moi-même.

Des savants ont affirmé que la question était complexe; qu'elle ne serait jamais résolue par un seul procédé; qu'il fallait être, avant tout, zoologue, botaniste, chimiste, etc.

C'était l'opinion de MM. Cornu et Rommier, délégués de l'Académie.

Je peux répondre d'une manière péremptoire par les faits antérieurs. Est-ce que celui qui trouva le soufre comme toxique pour l'oïdium possédait ces diverses sciences ? Il ne procéda que par intuition, que par sa propre inspiration, confirmée par l'expérience. Il fut d'abord bafoué dès la première opération ; la deuxième opération lui attira de nouveaux déboires, puisque l'oïdium reparut ; mais, esprit persévérant, à la troisième opération, il obtint le remède cherché, l'effet voulu ; il eut depuis de très belles récoltes, et l'on continue depuis le soufrage des vignes atteintes par l'oïdium.

En ce qui me concerne, je n'aurais pas besoin de répéter trois fois l'application du coaltar, si j'expérimentais sur des vignobles nouvellement attaqués. Une preuve à l'appui de mon dire, c'est qu'en juin et juillet, après une première opération bien conduite, il n'a pas été trouvé un seul puceron. Un peu plus tard, il est vrai, sur ces mêmes souches, il s'en rencontra quelques uns, en août et septembre ; mais ils provenaient des vignobles voisins, qui étaient arrivés à la dernière période de la maladie. Ce serait, en effet, trop beau, trop heureux, si, du premier coup, j'avais pu rendre une vigne indemne avec une seule application de coaltar.

Néanmoins, grâce à mon triple système, j'affirme, et j'ai offert à M. Halna du Fretay, inspecteur général de l'agriculture, envoyé directement par M. le Ministre, s'il tenait à avoir une vigne indemne en 1875, ou plutôt si c'était le désir du gouvernement ; je lui ai offert, dis-je, de me mettre à sa disposition. J'ajoutai qu'il n'avait qu'à formuler son désir en me désignant un enclos, une vigne phylloxérée quelconque située même dans un milieu infecté. Ma conviction étant basée sur l'expérience, j'avais donc le droit dès maintenant d'indiquer le remède.

Ce n'est pas une vaine gloriole qui me guide; mes expériences et leur réussite ne reposent pas sur des recherches empiriques, sans base et sans but, puisqu'elles ont amené des résultats acquis, incontestables.

Ce n'est pas non plus de la spéculation que j'ai voulu faire; je n'ai rien à vendre à personne. Et cependant l'origine de ma découverte, ainsi que j'ai pu le prouver authentiquement, remonte à plus de cinq ans.

Je me résume : une idée ne vient qu'à ceux qui la cherchent et la fécondent par leur travail, ainsi que je l'ai dit au sujet de l'inventeur du traitement de l'oïdium par le soufre. J'ai fait pour mon coaltar ce que ce travailleur a fait pour sa substance sulfureuse. J'ai lutté contre le fléau qui a frappé nos pays si favorisés, et le monstre recule, recule. Il finira par disparaître, car les coups que je lui porterai n'auront de trêve que lorsqu'il ne restera pas la moindre trace de son passage et qu'on n'en gardera même plus le souvenir.

III

Les coaltars sont-ils tous les mêmes ?

Je ne doute pas que beaucoup de propriétaires aient, comme moi, tenté quelque expérience. Ils n'ont pas réussi; c'est tout naturel. Il est donc de mon devoir de déterminer la cause de cette non réussite, et je la trouve dans une lettre, à la date du 20 juillet, adressée à M. Dumas, président de la haute commission de l'Institut de France. En voici la copie :

Monsieur le Président,

MM. Marès, Laliman et de Pénamran essayèrent le premier coaltar qui leur tomba sous la main; ils oublièrent sans doute les premiers principes d'observation, puisqu'ils n'ont pas réussi.

En effet, le coaltar considéré par eux sous un nom unique ne leur montrait qu'une propriété unique, tandis qu'il varie énormément, même du tout au tout, dans ses éléments ou dérivés.

Vous l'avez fait judicieusement observer à M. le baron Thénard, à la séance du 4 juillet courant, alors que j'affirmais pouvoir en produire plus de deux cents de qualités et de propriétés différentes.

M. le baron Thénard disait que tous les coaltars non déflorés étaient bons pour le traitement de la vigne.

Pour bien édifier les propriétaires, je donne, dans le tableau suivant, un extrait de l'analyse de J.-C. Calvert, mémoire n° 7, 16 août 1850, présenté à l'Académie des sciences :

NOMS DES MINES de HOUILLES	Benzine	Phénol	Carbone	Paraffine	Naphtaline
Staffordshire...	5	9	35	»	22
Newcastle.....	2	5	12	»	58
Cannel........	9	14	40	»	15
Boghead... ...	12	3	30	41	»

La composition du coaltar varie donc à l'infini. Ainsi le coaltar provenant des houilles de Newcastle est composé presque exclusivement de naphtaline; celui du Boghead, de paraffine; le Cannel, de benzine et d'acide phénique; celui de Staffordshire, de benzine, de carbone et de naphtaline.

La composition du coaltar étant indéfinie, il peut arriver que si le principe morbide qui tue ou éloigne le phylloxera manque dans un échantillon, le résultat sera inefficace. Voilà l'erreur où sont tombés les expérimentateurs; voilà la conséquence possible de l'emploi d'une matière dont la composition est complexe et le nom unique.

IV

Méthodes d'application du coaltar pour la destruction du phylloxera et la régénération de la vigne.

J'appellerai sur le présent chapitre toute l'attention des viticulteurs, car nous voici arrivés au moment où il faut juger, suivant l'âge des ceps, leur degré de vigueur, la nature du sol, etc., la quantité de coaltar à employer par souche.

Pour bien diriger les opérateurs, je vais leur tracer d'abord le tableau de quelques applications qui n'ont produit que peu ou point de résultat.

Je commence par poser en principe que l'opération qui devra le mieux réussir doit être faite d'octobre en mars; dans les autres mois, la vigne, étant sous l'action de la séve, peut se trouver surprise par le remède et s'en trouver mal. Il est acquis qu'il faut employer les éléments cités plus haut, pour amortir l'action du goudron lorsqu'on s'en sert dans les mois chauds. Il est possible que des expériences ultérieures me permettent de découvrir une méthode sûre pour opérer le traitement à toutes les époques. Depuis plusieurs mois déjà, cette recherche est l'objet de mes constantes préoccupations.

M. Maumenet, membre de l'Académie du Gard, décédé depuis, me pria, le 30 juin 1873, de lui faire remettre deux fûts de coaltar pour être appliqués à sa propriété de Jonquières, sur un plantier de cinq ans.

Je me rendis à son désir et lui recommandai de n'employer ce coaltar qu'avec un arrosage immédiat de 4 à 5 litres d'eau, et plus, suivant la souche. Il voulut l'employer seul, par 40 degrés de chaleur. Il se produisit des boursoufflures sur le bois, et la moitié du plantier périt par l'effet de l'action énergique du coaltar. L'autre partie vit encore.

Plus tard, s'étant assuré, à l'aide de nombreuses expériences et observations, que généralement le phylloxera s'attaquait aux radicelles et que là était l'origine du mal, il arrosa avec deux autres fûts de coaltar un sillon au milieu de deux rangées de souches d'une autre vigne, à 80 centimètres de distance du pied; mais il oublia d'en verser sur le pied lui-même. Qu'arriva-t-il? Les phylloxeras quittèrent les radicelles et s'avancèrent vers le tronc où ils ne rencontrèrent pas de préservatif. La vigne vit encore, mais elle ne pourra être sauvée que tout autant qu'on déposera du coaltar autour des troncs.

Un propriétaire de Montpellier, dont me parlait le savant M. Rommier, ayant traité au coaltar, n'en mit pas une quantité suffisante, et il se voit encore attaqué. Il se débarrassera du fléau forcément, par un traitement plus complet.

Puisque je traite ce sujet, j'ose me permettre une

simple appréciation sur le procédé de M. Gaston Bazille, président de la Société d'agriculture de l'Hérault. Dans sa méthode exposée le 24 août dernier, il emploie le fumier et l'urine de vache en quantité impossible à trouver pour la masse des propriétaires viticoles. Mais il avoue employer aussi avec cet engrais un *dixième acide phénique impur* (huile lourde). Enfin il n'a pas voulu dire la chose la plus essentielle et l'appeler par son nom véritable : *le Coaltar !* je crois. S'il veut mieux réussir, je lui conseille d'y en ajouter 2 kilogrammes de plus (de coaltar non défloré) et supprimer son fumier de vache : *je lui assure un succès plus complet et plus certain*, et je serai doublement heureux d'apprendre plus tard que le pays originaire de mon père a pu régénérer ses vignes et les sauver par l'emploi de ma méthode. J'offre avec instance d'en faire l'application moi-même quand on le voudra, et d'en garantir d'avance l'efficacité.

M. Rey a perdu quelques souches de la même manière. Il en a eu d'autres où il s'est rencontré quelques phylloxeras, et cependant elles avaient été traitées sérieusement; il avait été pratiqué trois trous (. ˙ .) sous les racines, que l'on avait remplis de coaltar. Ici l'effet se maintint longtemps, il est vrai ; mais il ne se produisit qu'aux alentours des trous, par conséquent sur un espace restreint, tandis que, le phylloxera étant partout, il faut employer le coaltar de manière à étendre le plus possible son effet, surtout aux alentours du pied.

Pourquoi l'emprisonner, lorsque simplement versé il se conserve plusieurs années autour du cep!

M. Josselme aîné, au lieu de verser le coaltar sur le tronc des racines, l'avait fait déposer entre deux couches de terre, à 15 centimètres au dessus; aussi a-t-il été trouvé quelques phylloxeras, bien que la végétation fût luxuriante et de nature à faire croire à une guérison radicale.

A la suite de profondes observations, M. le baron Thénard pensait que pour préserver une vigne, il fallait que quelqu'un suivît la charrue et versât, au fur et à mesure, dans le sillon, une quantité de 5,000 kilogrammes à l'hectare.

Je suis parfaitement de l'avis de M. le baron Thénard; mais ce procédé ne peut être suivi que dans une plantation de vigne nouvelle. J'ajouterai encore que les propriétés du coaltar ne sont pas éternelles; il sera indispensable de renouveler l'opération tous les trois ans.

Les propriétaires ne doivent avoir aucune crainte en coaltarisant leurs terres. Je sais bien que cette substance a pu avoir la réputation d'empêcher la décomposition du sol. Cette réputation n'est pas méritée et ne saurait être justifiée. Je l'ai démontré à diverses reprises, notamment chez M. Rey, à M. le baron Thénard, à M. Balbiani, célèbre entomologiste et botaniste; au savant M. Rommier, à M. Duclaux, à M. Halna du Fretay. Si de pareils témoignages n'étaient pas suffisants, il ne faudrait plus croire à l'existence de la lumière.

Le traitement préventif par le coaltar des vignes non encore phylloxérées est cependant de toute nécessité, d'après l'opinion de M. le baron Thénard. En effet, il empêche l'invasion ou l'arrête tant que l'action énergique du remède existe. La maladie ne peut se développer que lentement, et si le phylloxera s'attaque à une souche, ce qui est immédiatement visible, on a tout le temps nécessaire pour traiter le vignoble en entier et pour empêcher ainsi la propagation du foyer pestilentiel.

Si les propriétaires du Biterrois comprenaient l'importance de ce traitement, ils s'empresseraient, dès cette année, à commencer de coaltariser les points attaqués qui deviennent de plus en plus nombreux; ils détruiraient ainsi le germe de la maladie à sa naissance. Qu'ils attendent que l'action soit commune, et, dans deux ans, ils n'y seront plus à temps. Qu'ils suivent l'exemple du plus savant chimiste d'Europe, qui a déjà supputé tous les frais de traitement et qui va l'appliquer incessamment à ses grands crus de Montrachet, dont la pièce de 228 litres est cotée 1,500 francs.

Je le répète : les observations d'hommes compétents ont établi que de tous les traitements proposés ou expérimentés pour la destruction du phylloxera, de tous les remèdes connus jusqu'à ce jour, aucun n'a produit des résultats plus certains, plus efficaces que le coaltar. Des millions de souches guéries sont appelées à servir de pièces de conviction.

V

Y aura-t-il du coaltar pour les vignes comme il y a eu du soufre pour l'oïdium ?

Comme tout le monde traitera ses vignobles à la fois, afin que le résultat général soit conforme aux résultats particuliers obtenus jusqu'à ce jour, il convient d'examiner quelles seront les quantités de coaltar dont le public pourra disposer.

Dans les usines à gaz, le produit de la distillation de 100 kilogrammes de houille donne de 5 à 6 %.

Ce chiffre de 5 à 6 % représente des quantités considérables dans la pratique; ainsi, en admettant, ce qui se rapproche de la vérité, que la Compagnie parisienne d'éclairage au gaz consomme, en chiffres ronds, 540,000 tonnes de houilles par an, à 6 % de rendement, elle peut livrer par an trente-deux millions quatre cent mille kilogrammes (32,400,000) de coaltar pour le traitement des vignes.

Quand on pense aux innombrables usines à gaz qui sont établies ou qui s'établissent tous les jours et de toutes parts, on voit que la production peut s'élever dès aujourd'hui à des chiffres énormes qui, pour l'Europe seulement, ne doivent pas s'éloigner de 900 millions à 1 milliard de kilogrammes par an.

D'ailleurs, quand les besoins de la consommation l'exigeront, il y aura bien d'autres moyens de production, en quelque sorte illimités, et qui, depuis douze ans, ont reçu de très importantes applications dans plusieurs houillères de France.

D'après ces chiffres dignes de foi, et en dehors des usines à gaz, la France carbonise plus de 4 millions de tonnes de houilles. Or, en calculant un rendement moyen de 5 % de coaltar, il y aurait encore là une source de 200 millions de kilogrammes par an qui augmenterait sans cesse, la demande venant les recueillir.

Outre les fabriques spéciales que l'on peut créer à l'infini, on voit que le public pourra disposer de 1 milliard de kilogrammes environ actuellement.

Une chose très sérieuse, c'est le choix du coaltar; en effet, l'opération risque d'avorter ou de produire peu d'effet, selon la valeur du produit.

Le lecteur objectera peut-être que certaines usines ne pourront suffire à tous les besoins. C'est vrai; mais, en attendant, qu'on utilise ce qu'il y a de disponible, pour sauver une partie des vignobles atteints. La science s'occupe en ce moment de trouver les coaltars similaires en quantité plus considérable.

Le 10 juin, j'ai adressé une bonbonne de 50 kilogrammes de coaltar à l'Institut pour que ce corps savant puisse en faire l'analyse, en apprécier la valeur curative et déterminer les substances qui le composent, soit les dérivés actifs les plus énergiques pour tuer ou chasser l'insecte, car il serait impossible à la science, pour le moment, d'épuiser la nomenclature des substances liquides, solides ou gazeuses, qui constituent ce coaltar.

Le 24 août, j'ai adressé à nouveau un fût de coaltar pour être comparé et analysé par le chimiste le plus compétent en cette matière : le savant M. Rommier, délégué de l'Académie.

Mais afin que tout le monde soit parfaitement éclairé, je donne ici l'analyse des principaux corps retirés à la suite de distillation et rectification du goudron ou coaltar. On verra, d'après le tableau qui suit, quelle est la substance la plus composée, celle qui renferme les propriétés les plus délétères pour détruire le phylloxera. On pourra sans doute en trouver d'autres; mais mon coaltar, par son bas prix, son application facile, aura. j'en suis convaincu, la prédominance. En effet, si j'ouvre le journal spécial *le Gaz* du 15 août 1873, je trouve que toutes les usines du Nord le portent. dans leur inventaire, à 3 fr. 50 c. les 100 kilogrammes; que la Compagnie générale pour l'éclairage et le chauffage par le gaz en a vendu, le 15 octobre 1873, 1,400,000 kilogrammes à ce même prix. En créant des usines spéciales, il est facile d'obtenir par la distillation lente et une chaleur ménagée, sur 100 kilogrammas de houille à gaz, 34 à 35 litres de coaltar huileux (huile brute, brune et noirâtre).

Corps principaux retirés par la distillation du COALTAR *servant à la guérison de la maladie de la vigne, caractérisée par le Phylloxera.*

PRODUITS SOLIDES	PRODUITS LIQUIDES ET EN DISSOLUTION AQUEUSE — ACIDES	NEUTRES	BASIQUES	PRODUITS GAZEUX
Carhone	Acide acétique	Eau	Ammoniaque	Hydrogène
Naphtaline	— butyrique	Essence de coaltar	Méthylamine	Hydrogène protocarboné
Paranaphtaline	— rosolique	Huile légère de coaltar	Ethylamine	Hydrocarbures divers
Anthracène	— phénique ou phénol	Huile lourde de coaltar	Aniline ou Kyanol	Oxyde de carbone
Paraffine	— brunolique	Benzol ou Benzine	Quinoleine ou Leukol	Acide carbonique
Chrysène		Toluène	Picoline	Acide sulfhydrique
Pyrène		Cumène	Toluidine	Acide hydrocianique
		Cymène	Lutidine	
		Propyl	Cumidine	
		Butyl	Pyrrhol	
		Amyl	Petinine	
		Caproyl		
		Hepylène		
		Hextylène		
		etc., etc.		

Toutes ces qualités réunies rendent mon coaltar indiscutable quant à ses effets.

Opérations de la distillation du coaltar spécial.

(Ce premier classement n'est pas absolu.)

PRODUITS OBTENUS QUI DISTILLENT JUSQU'A 150° CENTIGRADES.

Amylène ou alcool du coaltar. — Point d'ébullition et autres carbures légers à 30°.

Benzine, 81 à 89°. — Produits servant à la fabrication de l'aniline et de l'essence de mirbane. Avec un mélange de toluène, sert à détacher. Benzine nos 1, 2, 3, etc.

Pétinine, 80°. — Odeur d'amandes. Essence artificielle d'amandes amères.

Toluène, 101 à 108°. — Produit servant au nettoyage des étoffes, à la dissolution du caoutchouc, etc. Couleurs vertes.

Xylène, 127°. — Produit donnant des couleurs rouges.

Picoline, 133°. — Produit couleurs pourpre et lilas pour teindre les étoffes de soie, de coton et de laine, découvertes par Perkin, chimiste anglais.

Pyridine, 150°. — Couleur de pensée, violets de mauveine, couleur dorothea.

PRODUITS OBTENUS DE 150 A 200°.

Cumène, 151°. — Produit du camphorate. Acide sulfocuménique et deux alcaloïdes.

Lutidine, 154°. — Produit couleurs rougeâtre et bronzée, précipitée avec le naphte.

Cupione, 169°. — Produit couleurs vertes à l'iode émeralitine, grenats, brun, noir et gris.

Cymène, 175°. — Produit de camphogène. Odeur citronée, très agréable.

Collidine, 179°. — Produit couleurs bleues, rouges, et leur nomenclature très variée : violettes, jaunes, vertes et noires.

Aniline, 182°. — Produit des dérivés par oxydation.

Acide phénique, 188°. — Acide rosolique, brunolique. Matières colorantes, bleues, vertes et rouges. Dérivés nitriques, etc.

La plupart des matières colorantes dérivées du coaltar sont encore peu connues au point de vue scientifique ; on ignore en général et leur composition et surtout les conditions réelles de leur formation.

PRODUITS OBTENUS AU DESSUS DE 200° CENTIGRADES.

Naphtaline, 217°. — Forte odeur sulfurée ou ulliacée, composant la nitrotoluène. Produit une infinité de dérivés coloriés.

Quinolène, 239°. — Odeurs aromatiques.

Lépidine, 260°; Anthracène, au dessus de 300° ; Chrysène, 340°; Pyrène, 380°, etc., etc. — Propriétés non encore définies, servant à la teinture et aux arts.

PRIX DU COALTAR.

D'après le journal *le Gaz*, du 15 août 1873, le prix du coaltar dans les usines du Nord est à 3 fr. 50 c. les 100 kilos. D'après le même journal du 25 octobre 1873, la Compagnie générale pour l'éclairage et le chauffage au gaz en a vendu 1,400,000 kilos. Siége social : rue Marie de Bourgogne, à Bruxelles.

VI

Le phylloxera a-t-il passé ?

Les variations météorologiques jouent un grand rôle dans la nouvelle maladie de la vigne. En effet, si nous nous reportons aux hivers secs de 1866 et de 1867, nous trouvons que cette sécheresse a été pour beaucoup dans la dissémination et l'intensité du fléau, surtout dans les années suivantes. On a remarqué, d'un autre côté, que les progrès ont diminué lorsque les hivers sont devenus pluvieux, comme en 1870 et en 1873, dans notre région.

Mais faut-il tirer de ces observations la conséquence que la maladie est en décroissance et prédire d'avance, comme le font quelques optimistes, qu'elle s'éteindra toute seule ? Il serait imprudent d'affirmer que cet heureux événement ne se produira pas; mais la prudence la plus élémentaire, en présence de l'état endémique et permanent dans lequel se trouvent nos vignobles, conseille, et l'intérêt commande, avec bien plus de raisons, de prévoir le cas où, par suite de ces mêmes circonstances climatériques, la maladie pourrait s'aggraver. Voyez du reste les progrès récents, ils sont sous vos yeux ! Les mois de septembre et d'octobre 1874 sont là pour attester que, malgré les pluies consécutives, le ravage a été sensible et désastreux sur bien des points.

Voyez le phylloxera, observez-le : bénin ou actif, le terrible insecte n'a jamais perdu son caractère. Ainsi, tandis que, dans le Gard, on trouve que les pucerons sont en moins grand nombre, nous voyons, dans les Charentes, une extension rapide dans les sols superficiels, par suite du manque de terre et d'humidité : c'est comme dans nos garrigues. Ce qui me conduit à dire, en passant, à MM. les amateurs de fine champagne, qu'il y avait à Cognac, en 1873, 300 hectares de vignes perdues. L'extension de 1874 a été de 2,000 hectares. En se développant de la sorte, il ne faudrait pas plus de trois ans pour que nous fussions privés des produits que le nouveau comme l'ancien monde nous envient et que l'on achète à des prix qui l'élèvent, pour la qualité supérieure, à 20 francs le litre.

Du reste, l'observation de tous les jours le démontre, et malheureusement la plupart des propriétaires ne le voient que trop : toute vigne touchée par le phylloxera est une vigne perdue dans un temps plus ou moins long, et quelle que soit la qualité du sol. On a donc le droit de considérer dès à présent la fortune viticole de la France comme très compromise, et même comme anéantie, dans un avenir plus ou moins prochain, si nous ne nous hâtons pas de systématiser le remède.

La France perçoit 400 millions d'impôts tant sur les vins que sur les alcools (octroi et régie compris). Ce serait donc un capital de 8 milliards de perdu.

Aussi est-ce bien ce que l'on a pensé à peu près généralement : car, loin d'imiter le stupide fatalisme des Turcs, on a cherché de toutes parts un remède à opposer au fléau. Et ici, qu'on me permette de payer un juste tribut d'éloges à tous les expérimentateurs, quels qu'ils soient, qui n'ont pas hésité, au début de la maladie, de s'imposer de grands sacrifices alors même — leur ambition ne visait pas là ! — qu'aucune récompense n'était promise et qu'ils n'étaient absolument guidés que par le mobile le plus élevé du cœur humain pour ceux qui aiment véritablement leur pays : je veux dire, l'intérêt général.

Je ne saurais trop le répéter, je suis en droit d'affirmer, par la réussite de cette foule d'expériences que j'ai faites et que d'autres ont pu faire d'après mes indications, que toute souche qui aura son collier ou sa ceinture de coaltar et ses racines *coaltarisées* en dessus, se conservera et fera sa récolte habituelle, ce qui dépendra néanmoins de la plus ou moins grande quantité de matière employée pour la préserver, car ici le trop ne nuit pas; l'effet en est plus *rapide* et plus *assuré*.

Le 5 septembre dernier, lorsque M. Halna du Fretay, inspecteur général de l'agriculture, après la plus minutieuse attention, trouva quelques phylloxeras à l'extrémité des racines d'une souche de clairette chargée de grappes et qui, bien qu'incomplètement traitée avec 600 grammes de coaltar, avait produit des sarments de 4 mètres, M. Rey lui fit la même observation qu'à M. Rommier : « Qu'importent

» les quelques phylloxeras ! Si, avec l'emploi du coal-
» tar, je ne vois aucune altération dans la plante ; si
» elle croît, fleurit et produit ; si aucun trouble dans
» l'accomplissement des fonctions de la vie végétale
» n'existe, j'en ferai comme de l'oïdium : que
» m'importe la maladie ! »

En effet, avec une pincée de soufre, nous avons eu raison de l'oïdium, sans pouvoir l'anéantir ; avec du coaltar, nous aurons raison du phylloxera. Qu'importe qu'il en reste quelques uns, si nos récoltes sont belles ! Seulement, il s'agit au plus tôt d'en généraliser l'emploi, et, en moins de trois années, nous aurons anéanti ou chassé le fléau. Ici la chose est beaucoup plus facile : l'ennemi est visible ; une fois mort, il ne se renouvellera plus, tandis que la cause de l'oïdium étant invisible, impalpable, elle a pu échapper pendant longtemps à l'efficacité du remède, et, par ce moyen, se renouveler de temps à autre sur quelques points du territoire.

Ce n'est donc pas une tentative stérile que j'offre aux viticulteurs, ce sont des essais commandés et constatés par l'Institut de France. Or, après les résultats obtenus, il ne me reste qu'à vous dire : Confiez-vous au coaltar ; c'est le seul insecticide qui puisse assurer vos récoltes.

VII

Usines qui produisent un coaltar à peu de chose près identique à ceux qui ont réussi à guérir la maladie de la vigne caractérisée par le phylloxera.

Loin de moi la pensée de vouloir favoriser une usine quelconque au détriment d'une autre. Je n'ai aucun intérêt en vue : je ne puis donc vouloir tromper personne. Dans ce cas d'ailleurs, mon système serait perdu ; les conséquences seraient fatales aux malheureux propriétaires à qui l'on vendrait une matière qui ne *produirait aucun effet*.

Si l'on considère que c'est leur fortune qui est en jeu, c'est un vol manifeste que l'on commettrait en les trompant.

Voici donc, sur l'indication de M. C..., directeur de la Compagnie de Bességes, qui a produit le coaltar spécial que j'ai employé dans le traitement de 200,000 souches environ, la nomenclature des usines distillant la houille :

1° Usine à gaz de Bességes ;
2° — Salindres ;
3° — Nimes ;
4° — Beaucaire ;
5° — Cette ;

6° Usine à gaz de Le Vigan ;
7° — Anduze ;
8° — Agde ;
9° — Béziers.

M. Rey s'est servi en partie des coaltars de l'usine de Bédarieux qui ont réussi. C'est M. le directeur d'Uzès qui me l'avait indiquée.

VIII

Moyen de s'assurer de la qualité du coaltar qu'on emploie.

Il faut d'abord s'assurer la livraison du goudron, avec obligation expresse et formelle de la part du vendeur, qui devra mettre au bas de la facture la mention : GOUDRON NON DÉFLORÉ. A l'aide d'une opération bien simple, on reconnaîtra facilement la richesse ou la pauvreté du produit. Il suffit d'en mettre 10 kilogrammes dans un chaudron avec 2 litres d'eau, et, par une ébullition de 150 à 200 degrés, on obtient, après le refroidissement, la séparation des huiles essentielles, car elles surnagent à la surface de l'eau.

Il faut que ces huiles, séparées de la substance solide butyreuse qui reste au fond du chaudron, donnent le tiers sur 10, soit 3 kilog. 1/2 environ. Alors on est parfaitement assuré que le coaltar n'a pas été défloré, qu'il est de bonne qualité, puisqu'il possède toute sa richesse en hydrocarbures légers ou essences de houille (1).

Je précise ce résultat, car la réussite dépend entiè-

(1) Voir la patente de Mansfield, 1847.

rement des huiles de goudron, et non de cette substance résineuse ou poixeuse, qui ne produit pas plus d'effet que si l'on mettait à la place un boulet de poix (goudron végétal), mais qui cependant est nécessaire, parce qu'elle conserve autour de la souche les huiles essentielles pendant longtemps.

IX

Y a-t-il possibilité d'améliorer le coaltar que j'emploie, afin qu'il rende des effets plus énergiques, plus rapides?

En présence des effets surprenants constatés par MM. le baron Thénard, Balbiani, Rommier, Duclaux, du Fretay, dans leurs premières journées d'observations et d'études spéciales, leur pensée fut d'améliorer et de rendre, s'il était possible, l'agent plus énergique, sans lui enlever aucune de ses autres qualités ou propriétés. (Séance de l'Académie du 24 août.)

A cette occasion et sans aucune garantie, je me permets, dans l'intérêt du but que je me propose, de citer quelques formules que mes conversations avec M. le baron Thénard, soit encore celles préconisées par M. Dumas, dans son mémoire à l'Académie des sciences du 8 juin, m'ont suggérées et que je me suis engagé envers ces Messieurs à expérimenter cette année.

1° M. le baron Thénard me dit : « Je pense que c'est la benzine qui joue le plus grand rôle dans la destruction de l'insecte. Vous ajouterez donc à votre coaltar 5 ou 6 % de cette substance. »

En cet endroit, M. Thénard se trouvait parfaitement d'accord avec l'expérience faite par M. Vigouroux, mécanicien-pompier, qui avait employé la benzine seule ; mais le liquide ne pouvant être fixé pour longtemps, il s'évapora. Son mélange avec le coaltar le rend permanent.

2° Vous pouvez essayer, reprit-il, au moment de l'emploi, d'y ajouter 5 % de sulfure de carbone. Le lendemain il n'en fut plus question.

Aux autres formules j'y ajoute celles suggérées par les mémoires de l'Académie des sciences.

3° 10 kilogrammes sulfate de fer.

4° 5 kilogrammes pétrole.

5° 10 kilogrammes sel de soude à 68°.

6° 6 kilogrammes sulfate d'alumine.

7° Egalement, à l'instant où vous l'employez, 5 kilogrammes acide sulfurique.

Toutes ces additions de peu de valeur seront expérimentées en 1875 séparément. Si elles sont plus énergiques et qu'elles amènent des effets plus certains et plus rapides que le *coaltar seul*, je transmettrai les résultats à l'Institut et au public afin qu'on en puisse profiter.

A chaque souche que l'on fouillait pour reconnaître les effets du coaltar, M. le baron Thénard en prenait un morceau, et, chose merveilleuse ! par l'odeur exhalée, il était parvenu à dire d'avance, sans autre examen, si la souche était indemne ou si elle avait encore des phylloxeras. Cet exercice a été répété plusieurs fois, surtout lorsqu'on lui précisait l'époque fixe où le coaltar avait été appliqué.

Dès ce moment, l'étude fut commencée, et les recherches les plus minutieuses sont continuées pour arriver à augmenter les heureux effets du coaltar spécial.

X

Il ne s'agit pas de conserver, il faut encore remplacer.

Voici la nomenclature des plants les plus robustes et résistant le mieux, sous le climat du Midi, aux attaques de la maladie de la vigne caractérisée par le phylloxera :

Le spiran noir;
La clairette ou blanquette, collioure, malvoisie :
Le marocain;
La carignane ou caraignan :
Le terret-bourret noir;
Le mourastel;
Le mourvèdre.

Le semis est encore un moyen de régénérer la vigne. Il a bien l'inconvénient de produire quelques variétés, mais les plants qui en résultent sont plus robustes et sont capables de vivre plus longtemps que ceux provenant de boutures ou de marcottes; ils résistent mieux aux maladies; ils sont moins délicats, étant plantés sur le sol de leur naissance, donnent des produits plus abondants, sont moins sujets aux intempéries, offrent moins de prise aux attaques des ennemis de la vigne, oïdium, phylloxera, etc.

En Bourgogne, pour les grands crûs, on procède différemment : on couche successivement les souches, et, au bout de quarante ans, la vigne est complètement renouvelée.

M. le baron Thénard me disait qu'on procédait si régulièrement à cette opération que, dans son clos de Montrachet, un des meilleurs crûs de France, on pouvait remonter jusqu'à huit siècles par les couches successives superposées du même plant renouvelé tous les quarante ans. Ce système a le mérite, comme on le voit, de conserver absolument la même nature de cep pour obtenir la même qualité de vin. Il en est de même du clos de Vougeot et de tous les grands crûs, où la même souche de pineau s'est renouvelée de cette manière depuis le IXe siècle. Il existe d'ailleurs une vérité fondamentale : nulle part, soit par l'influence du sol, soit par celle du climat, avec le même plant, on n'a pu produire des vins aussi parfaits et aussi exquis. La vigne se modifie dans sa constitution suivant l'exigence du climat. Il faut donc beaucoup de précautions pour avoir de bons choix. Néanmoins, de l'avis des viticulteurs le plus en renom, le plant par semis est ce que l'expérience a préconisé comme robusticité ; il a l'immense avantage de vivre quatre fois plus longtemps et de produire constamment un tiers de plus que les ceps provenant de plants enracinés ou de boutures. Il a encore une qualité inappréciable : on peut renouveler les variétés. On sait que le sol se fatigue et s'appauvrit en nourrissant toujours les mêmes espèces.

XI

Etude anatomique et traitement des vignes malades.

Je dois préalablement entrer dans l'étude anatomique des altérations produites sur les feuilles et sur les racines. C'est d'un trop grand intérêt pour que je les passe sous silence avant de développer les moyens de traitement à employer dans la nouvelle maladie de la vigne.

C'est par les nombreuses ramifications des racines que se fait dans le sol l'absorption des éléments nutritifs. De chaque racine partent, comme autant de branches, des racines plus minces ; ce sont ces dernières qui sont plus spécialement chargées de la nutrition de la plante.

Quand un pied de vigne est attaqué, les radicelles n'ont plus la même apparence : au lieu d'être cylindriques, elles présentent des renflements comme de fortes têtes d'épingles de formes diverses ; c'est là le signe évident, le premier symptôme de la maladie. Le phylloxera est visible à leur surface, les renflements sont jaunes, verts ou plus foncés, selon la nature et la qualité des souches; ils pourrissent bientôt après, deviennent noirs, et les radicelles meurent.

Les signes extérieurs les plus caractéristiques pour reconnaître qu'une souche est attaquée du phylloxera sont :

1° L'émoussement prématuré du bourgeon terminal ;

2° Un arrêt complet dans l'allongement des sarments ;

3° La dimension exiguë des feuilles et l'auréole jaune qui les entoure ;

4° La maturation difficile et incomplète des raisins au moment de l'approche des vendanges.

Le coaltar seul entrave le développement du phylloxera, en suspendant ses fonctions aspiratrices, et arrête instantatément la maladie.

Avant d'entrer dans les détails des diverses expériences auxquelles je me suis livré, je dois rappeler que je me fais fort du témoignage des hommes les plus compétents qui ont vérifié et constaté les effets du coaltar spécial. Je cite :

MM. le baron Thénard, membre de l'Institut ;

Balbiani, célèbre entomologiste, professeur au Collége de France, délégué de l'Académie des sciences ;

A. Rommier, savant chimiste, délégué de l'Académie des sciences ;

Maindron, secrétaire de M. le Président de la haute commission à l'Institut de France ;

Duclaux, professeur à l'Académie des sciences de Lyon ;

G. Halna du Fretay, inspecteur général de l'agriculture ;

M. Durand, secrétaire au ministère, section de l'agriculture.

Les études ont eu lieu en quatre reprises, à Nimes, les 24, 25 et 26 juillet; 11, 12, 13 et 19 août; 30 et 31 août; enfin les 3 et 4 septembre.

L'application du coaltar ne peut être plus simple ni moins coûteuse. Les propriétaires qui ont fait ces expériences d'après mes indications ont été unanimes sur l'action de cette substance, beaucoup plus efficace qu'aucune autre, puisqu'elle parvient à régénérer la souche.

Je livre bien aux intéressés mes moyens de traitement; mais il est possible que d'autres, variant la méthode, trouvent encore des moyens de perfectionnement.

La première opération consiste à déchausser la souche, jusqu'à ce que les racines soient à fleur de terre. Il n'est pas nécessaire de les déchausser entièrement, pourvu qu'on en aperçoive la moitié, à peu près, cela suffit.

Pour que l'effet se produise également à l'entour, il faut déchausser sur un rayon, suivant l'âge et la force du cep, de 30 à 40 centimètres, voire même 50.

On verse de 500 grammes à 1 kilogramme de coaltar, si c'est une vieille vigne, au collet de la souche, de manière à couvrir le mieux possible les racines du tronc. La substance s'y fixe pour longtemps et en défend l'abord aux phylloxeras.

On arrose, à l'aide d'une égale quantité de 500 grammes à 1 kilogramme, les racines et les radicelles autour du pied.

J'ai déjà eu occasion de le faire observer, ces quantités ne sont pas, ne peuvent pas être invariables. Elles doivent varier suivant la grosseur du pied, la nature du sol, plus ou moins absorbant, plus ou moins débilitant.

Ainsi, dans les sols sablonneux, l'effet se produira avec une bien moindre quantité, pour le même sujet, que dans les sols pierreux, calcaires ou siliceux qui en exigent une plus forte dose.

Et qu'on se tranquillise : ici, le trop ne nuira jamais ; car, sur plus de 60,000 souches sondées et examinées par les membres de l'Institut que j'ai nommés plus haut, aucune n'est morte à la suite de l'application d'une trop forte dose de coaltar. (Séance de l'Institut, du 24 août.)

C'était en juillet 1873. Je traitai une treille de la grosseur du bras, se développant sur la façade de la propriété de M. Rey. Ses feuilles étaient jaunies, et les raisins mûrirent à peine en août. Au mois de novembre suivant, j'appliquai une quantité de TROIS KILOGRAMMES de mon coaltar. Aujourd'hui, par l'effet de cet énergique traitement, je défie qu'on me montre une treille de muscats aussi saine, des pampres aussi développés, des feuilles plus vertes et des grappes mieux nourries que celles que produit le cep que je signale.

Le point essentiel, c'est d'appliquer, le mieux possible, le coaltar sur tout le système radicellaire de la souche, après toutefois en avoir mis sur le tronc.

On couvre, le plus rapidement possible, le tout,

afin d'éviter l'évaporation du coaltar et d'empêcher qu'il perde l'amyline ou esprit du goudron qui m'a paru jouer le rôle le plus important comme insecticide.

Toutes les applications faites avec intelligence ont établi deux faits importants :

1° La souche ne souffre pas de son contact permanent avec le goudron; au contraire, ce dernier, suspendant les fonctions aspiratrices du phylloxera, le chasse ou le tue.

2° Cet agent donne, par son effet, à la vigne, le repos nécessaire à tout être animé, végétal ou animal. Cette dernière en profite pour jeter aussitôt de nouvelles radicelles, qui partent très souvent du tronc, comme aussi des principales racines qui se trouvent débarrassées de l'insecte, ou du moins fortement protégées contre ses attaques.

Je conseille de traiter en novembre les souches dont la maladie est avancée, parce que mes expériences m'ont permis de constater souvent que le puceron, séjournant longtemps sur les racines, irrite constamment la souche. Il m'est arrivé, dans les premiers jours de janvier et février, de reconnaître, au moment de la taille, la dessiccation complète des rameaux : à leur cassure vive et sèche, il était facile de voir qu'ils étaient privés de vie; tandis que, à côté, les souches traitées en novembre et débarrassées de la plus grande partie des insectes avaient leurs pampres souples et leurs racines pleines de séve, ce qui leur donnait nécessairement tous les éléments d'une véritable régénération.

En règle générale, il faut toujours commencer le traitement par les vignes jeunes, au cas où l'invasion aura frappé simultanément des plants jeunes ou anciens. La raison en est que les vignes vieilles possèdent un système radicellaire plus profond et plus étendu.

Il en est de même de deux vignes situées dans des fonds inégaux comme profondeur. Celle qui se trouve plantée le plus près de la surface du sol doit être traitée de préférence. Ces indications pourront paraître élémentaires à des viticulteurs expérimentés; il est bon néanmoins de les préciser.

Si l'on examine d'une manière générale la marche de l'invasion, il faudra encore procéder selon l'ordre suivant :

1° Les terrains maigres, secs et peu profonds qui sont les premiers attaqués;

2° Les terrains argileux, ensuite les argilo-calcaires;

3° Les terrains en pente, en suivant rigoureusement l'ordre de leur altitude;

4° Enfin les terrains en bas-fonds.

La maladie, surtout pour les vignes bien constituées, n'apparaît pas la même année de l'invasion du puceron. Je conseille donc aux propriétaires de sonder le terrain d'avance, afin de s'assurer de l'état de leurs vignobles, car il y aurait une immense économie de coaltar, si l'on faisait un traitement préventif. Il suffirait d'en appliquer 5 à 600 grammes seulement pour préserver longtemps, peut-être toujours, une vigne des premières atteintes; car ordinairement les attaques ont lieu au collet de la souche, laquelle laisse toujours de grandes fissures qui facilitent l'accès du pied au phylloxera, surtout dans les terrains compactes.

Ici s'arrête la première partie de mon travail. Je l'offre aux viticulteurs avec confiance, convaincu que je suis que l'on pourra le consulter avec fruit. Mon système n'a pas encore atteint la perfection; mais je ne m'arrête pas dans mes essais, et j'espère pouvoir bientôt, dans une seconde étude, démontrer que de tous les anti-phylloxériques, le coaltar spécial doit avoir le pas sur tous les autres, soit par la facilité de son application, soit par son bon marché. Il me convient de le répéter de plus fort : je ne vends rien; mon seul but est d'être utile. Heureux serai-je, si ce but, je l'ai atteint.

Louis PETIT, de Nimes.

Octobre 1874.

APPENDICE

Opinion des savants sur l'emploi du coaltar spécial pour la destruction du phylloxera.

Extrait des mémoires de M. Duclaux, professeur de physique à la Faculté des sciences de Lyon, délégué de l'Académie, 1874, tome XXII, nº 5, page 44 : « Le coaltar *seul* a » donné des résultats variables, dans lesquels la somme » des bons l'emporte sur celle des mauvais. » (Le mien n'était pas encore connu de lui.)

Le professeur Rossler (mémoire du 14 juin 1874) s'exprime en ces termes : « Les extraits végétaux, ainsi que les fluides » à odeur forte et piquante, n'ont qu'une efficacité de courte » durée, car huit jours après les avoir employés, j'ai trouvé » de nouveaux phylloxeras sur les racines. La persistance » du goudron pendant plus d'une année même me paraît » beaucoup plus efficace. »

A son tour, M. Martin des Pallières, de Libourne (Gironde), dit : « Il faut empoisonner le phylloxera dans les lieux qu'il » a envahis et l'empêcher d'en sortir vivant. Ce résultat » pourra être obtenu en couvrant la surface du sol d'une » couche insecticide se composant de 75 parties de plâtre » et 25 parties de coaltar : liquide, 8 à 9 grammes ; solide, » 17 à 18. 500 grammes par mètre carré suffisent pour » que l'insecte ne puisse la franchir sans y trouver la mort. » (Mémoire du 16 mars 1874.)

M. le baron Thénard indique une charrue surmontée d'un récipient, répandant successivement dans le sillon, au fur et à mesure, une quantité de 5,000 kilogrammes à l'hectare. (Visite du 24 août 1874.)

M. Ch. Mène, professeur de chimie, écrivait le 12 octobre 1872 : « Le produit de l'inventeur Peyrat se compose de » naphtaline, acide phénique (*éléments du goudron*), etc. »

M. le comte de Lavergne, membre du Conseil des agriculteurs de France, correspondant de la Société centrale, disait le 1er février 1874 : « Parmi les substances qui par » leur constitution ou leurs émanations peuvent rendre les » ceps inaccessibles au phylloxera, nous indiquons » *le coaltar*.

» Le goudron de houille, appelé coaltar, tant par ses émanations, qui éloignent ou tuent le phylloxera, que par sa » visiosité, qui le capte, par son bas prix et son application » facile, est, à mon avis, une des substances qui répondent » le mieux à toutes les exigences.

» Ne pas mettre en terre un seul pied de vigne sans » l'avoir soumis préalablement aux fumigations de vapeur » du coaltar. »

Dans la séance de l'Académie, du 23 août 1874, M. le baron Thénard confirme mes expériences antérieures sur les effets de mon coaltar, et dans celle du 24 août, M. Dumas les affirme de plus fort.

Les savants que je viens de citer ont successivement formulé la véritable théorie, dont les applications pratiques, que j'ai faites depuis trois ans, ont assuré à mon coaltar un succès incontestable qui n'a pas été contesté.

A Buenos-Ayres (Amérique du Sud), on se sert, pour la fabrication du gaz, de la houille anglaise Boghead. Le coaltar obtenu sert, depuis la création de l'usine, aux naturels pour détruire les masses d'insectes qui dévorent les arbres à fruit, surtout à Dolorès, où, dans chaque hôtel, pour préserver les viandes de la voracité des fourmis, on est obligé de poser le garde-manger sur des écuelles remplies de coaltar.

CORRESPONDANCE.

Paris, le 17 septembre 1874.

Le Consul général d'Autriche-Hongrie
à M. L. Petit, à Nimes.

Monsieur,

J'ai lu avec intérêt la description d'un procédé de votre invention pour détruire le phylloxera et préserver les vignes des attaques de cet insecte.

L'Autriche, heureusement, a été épargnée jusqu'ici; mais dans le cas où le fléau viendrait envahir ses provinces, on se livrera à des expériences dans lesquelles votre méthode pourra trouver une application favorable.

Recevez, Monsieur, avec mes remerciements, l'assurance de mes sentiments distingués.

Le Conseiller du Ministère,
Consul général adjoint,

Signé : J.-R. SCHWARTZ.

Lyon, le 4 septembre 1874.

Le Consul général suisse à M. L. Petit, à Nimes.

Monsieur,

J'ai eu l'avantage de lire votre méthode pour la destruction du phylloxera, et je me suis empressé de la transmettre au gouvernement de la Confédération suisse.

Je vous suis très reconnaissant de la générosité dont vous faites preuve en me communiquant les résultats de vos recherches, et de l'obligeance avec laquelle vous mettez à la disposition de mon pays les fruits de votre expérience.

Veuillez agréer, Monsieur, mes salutations distingués.

Pour le consul suisse :

Le Chancelier,

Signé : FOURNIER.

TABLE

Pages.

I. — La vigne régénérée........................ 13

II. — Le soufre et le coaltar..................... 28

III. — Les coaltars sont-ils tous les mêmes ?........ 31

IV. — Méthodes d'application du coaltar pour la destruction du phylloxera et la régénération de la vigne.............................. 33

V. — Y aura-t-il du coaltar pour les vignes comme il y a eu du soufre pour l'oïdium..................... 38

VI. — Le phylloxera a-t-il passé ?................. 44

VII. — Usines qui produisent un coaltar à peu de chose près identique à ceux qui ont réussi à guérir la maladie de la vigne caractérisée par le phylloxera.... 48

VIII. — Moyen de s'assurer de la quantité du coaltar qu'on emploie.............................. 50

IX. — Y a-t-il possibilité d'améliorer le coaltar que j'emploie, afin qu'il rende des effets plus énergiques, plus rapides ?............................ 52

X. — Il ne s'agit pas de conserver, il faut encore remplacer.................................... 55

XI. — Etude anatomique et traitement des vignes malades..................................... 57

Appendice.................................... 65

Correspondance................................ 67

Nimes. — Imp. J.-B. ROUCOLE, Grand Cours, près la Poste.

Les (ure de fer vert ; 7° ferro-cyanure bleu ;
claire l ammonium ; 9° chlorure d'ammoniaque ;
Les c cyanhydrique.
nature foudroyante, étant mêlée à l'eau ammo-

1° Ve

le systé gaz qui lui sont propres, de refouler les
2° Re nir le sous-sol coaltarisé.

diamèt tème fut développé dans un rapport à
3° Re 3, lequel fut rappelé le 19 juillet 1873,

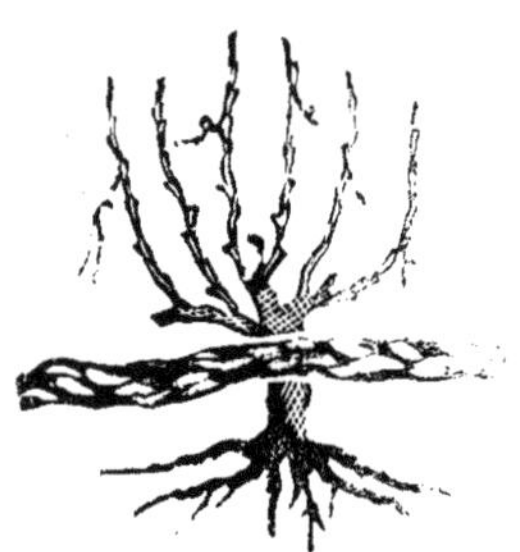

Les deux ceps ci dessus, par les indications qu'ils donnent, rendront plus claire l'exposition que j'ai faite plus haut pour rendre une vigne indemne.

Les doses doivent être proportionnées suivant l'âge des ceps, leur force, la nature du sol plus ou moins absorbant ou débilitant :

1° Verser au cœur de chaque souche quatre litres eau ammoniacale, plus, si le système radicellaire est fortement développé et si le sol est absorbant.

2° Répandre sur le collet de la souche 500 grammes coaltar, ou, suivant son diamètre, en plus ou en moins.

3° Répandre sur les racines à fleur de terre, sans toutefois être totalement

4° cellulose ; 5° hydrocarbure ; 6° cyanure de fer vert ; 7° ferro-cyanure bleu ; 8° sulfo-cyanure de calcium et d'ammonium ; 9° chlorure d'ammoniaque ; 10° sulfate de chaux ; 11° acide ferro-cyanhydrique.

Elle est d'une puissance insecticide foudroyante, étant mêlée à l'eau ammoniacale.

Elle a la propriété de conserver les gaz qui lui sont propres, de refouler les gaz dégagés par le coaltar et de maintenir le sous-sol coaltarisé.

Après les expériences faites, ce système fut développé dans un rapport à l'Académie des sciences, le 25 juin 1873, lequel fut rappelé le 19 juillet 1873,

www.ingramcontent.com/pod-product-compliance
Ingram Content Group UK Ltd.
Pitfield, Milton Keynes, MK11 3LW, UK
UKHW021627260726
13994UKWH00003B/1108

9 782329 356631